农产品产地初加工系列科普读物

马铃薯贮藏技术与设施问答

朱　明　主编

中国农业科学技术出版社

图书在版编目（CIP）数据

马铃薯贮藏技术与设施问答/朱　明主编．—北京：中国农业科学技术出版社，2016.1

ISBN 978－7－5116－2386－7

Ⅰ．①马…　Ⅱ．①朱…　Ⅲ．①马铃薯－贮藏－问题解答

Ⅳ．①S532.09－44

中国版本图书馆 CIP 数据核字（2015）第 283696 号

责任编辑　张孝安
责任校对　马广洋
出版发行　中国农业科学技术出版社
　　　　　　北京市中关村南大街 12 号　邮编：100081
电　　话　(010) 82109708（编辑室）
　　　　　　(010) 82109709（读者服务部）
传　　真　(010) 82106650
网　　址　http://www.castp.cn
经 销 商　各地新华书店
印 刷 者　北京富泰印刷有限责任公司
开　　本　700mm×1 000mm　1/16
印　　张　4.5
字　　数　68 千字
版　　次　2016 年 1 月第 1 版　2016 年 1 月第 1 次印刷
定　　价　24.00 元

编 委 会

EDITORIAL BOARD

主　　编：朱　明

副 主 编：程勤阳　王希卓

参编人员（按姓氏拼音排序）：

蔡学斌　陈彦云　沈　瑾　孙　洁

孙海亭　田世龙　尹　江　杨　琴

张　凯　张远学　朱　旭

序

FOREWORD

农产品产地初加工是指通过机械、物理的方法，在产地就近对农产品进行初步加工处理，使之满足现代流通条件的过程。农产品产地初加工包括农产品的分级分选、清洗、预冷、干燥、保鲜、贮藏、包装等作业环节。发展农产品产地初加工可有效降低农产品产后损失、提高农产品附加值，是农业增效、农民增收的重要途径，是对接现代农产品流通渠道、实现农村一二三产业融合发展的关键环节，也是保障农产品质量安全的必要手段。

我国是农业大国，许多农产品的生产在世界上具有举足轻重的地位。2014 年，我国马铃薯播种面积达到 0.84 亿亩（15 亩 =1 公顷，全书同），总产量 0.96 亿吨；蔬菜的播种面积为 3.14 亿亩，总产量 7.60 亿吨，都稳居世界第一位。与此同时，我国农产品产后损失也十分严重。例如，果蔬产后损失率为 10% ~20%，远高于发达国家 5% 的水平；马铃薯产后损失达到 15% ~25%；农户玉米采后收储损失率高达 8% ~12%。农产品产后损失在很大程度上抵消了多年来广大农业科技工作者及生产者在育种、精细耕作等方面为提高总产量所付出的巨大努力。农产品产后损失率高的主要原因是产地初加工的技术和装备水平十分落后。枸杞、杏、红枣等都是我国西部地区的特色产品，农户多采用传统的自然晾晒方式，缺点是脱水慢、易侵染病害和滋生蚊蝇，损失大，产品商品性差。许多农户的甘薯还采用简易沟藏，通风不良，腐烂率高。随着“全国优势农产品区域布局规划”的不断实施以及种养大户、家庭农场、专业合作社、涉农龙头企业等新兴产业主体的健康发展，加快建设农产品产后初加工设施已成为当前一项紧迫的任务。

发达国家十分重视农产品产后初加工。美国的农场主普遍都建设了谷物烘储设施，可将玉米、稻谷的含水率迅速降到安全水分后再储存和销售。韩国政府支持建设了大量的农产品加工中心（APC）和稻谷加工中心（RPC）。农产品加工中心的主要功能是进行鲜活农产品分级分选、包装、贮藏、拍卖、运输、信息发布等。稻谷加工中心（RPC）主要进行稻米烘干、贮藏、糙米加工等初加工，有的进一步发展精米加工。通过产地初加工，可全面提升农产品形象、品牌价值和附加值，保护了农民的利益。

目前，我国现代农业发展已进入关键阶段，在农业资源约束加剧、农村劳动力结构变化和自然灾害频发的条件下，大力发展农产品产地初加工对于保障重要农产品的有效供给、帮助农民持续增收具有十分重要的意义。《农产品产地初加工系列科普读物》采用问答的方式，系统讲述了马铃薯贮藏、果蔬保鲜贮藏、果蔬干制等初加工技术和设施，文字简练、图文并茂，通俗易懂，符合当前的产业需求，也符合老百姓阅读习惯。介绍的各种技术和设施建设周期短、见效快、经济适用，能切实解决农产品产后损失严重、品质降低、产品增值低等问题。现将《农产品产地初加工系列科普读物》推荐给农产品加工管理部门和广大农户，相信对提高我国农产品产地初加工整体水平、促进农民增收致富大有裨益。

中国工程院院士 罗锡文

2015 年 10 月

前言 PREFACE

马铃薯兼具粮食、蔬菜及水果的营养，且更耐贮存，适应性广，分布遍及世界各地，产业链长，加工产品广泛，因此，马铃薯种植加工被联合国看作是拥有经济效益、社会效益、生态效益及可持续发展的绿色黄金产业。如今，我国已将马铃薯作为仅次于小麦、水稻、玉米的第四大粮食作物。国家实施的马铃薯主食化战略，是促进农业调结构、转方式、可持续发展的重要举措。

目前，我国马铃薯产后损失率为15%～25%，分析其原因，主要表现在：第一，马铃薯产后商品化处理意识淡薄，对商品化处理带来的增值效用认识不足，竞争意识和择机销售意识有待提高。第二，产后贮藏保鲜设施简陋、方法原始、工艺落后，管理水平低，导致马铃薯产后损失严重，供给波动。

针对以上问题，编者组织有关工程技术人员，对马铃薯贮藏保鲜理论、设施和技术等进行了调研、梳理，撰写了本书。本书以问答方式，向读者介绍了马铃薯采后生理变化，典型马铃薯贮藏保鲜设施，贮藏窖施工建设，采收、贮前处理、贮藏及贮期管理等内容，并根据不同地域、不同用途及不同设施，列举了西南地区马铃薯地上通风库贮藏、北方地区地下贮藏窖贮藏以及种薯机械冷藏库贮藏的实例。全书附有大量的示意图和实地调研照片，文字浅显易懂、科普性很强，有助于读者了解马铃薯贮藏保鲜的基本原理和技术，以及常用贮藏保鲜设施的建设和施工验收要点，适合广大种植农户及合作社参考。

本书共分4篇，由朱　明、程勤阳、王希卓、蔡学斌、陈彦云、沈　瑾、孙　洁、孙海亭、田世龙、尹　江、杨　琴、张　凯、张远学和朱　旭等人编写。

本书内容涉及马铃薯贮藏保鲜理论、设施、技术等方面的知识，实践性强，易操作。由于编者水平有限，书中难免出现疏漏和不妥之处，敬请读者批评指正！

编　者

2015年10月

目　录
CONTENTS

第一篇

入 门 篇

一、简述马铃薯

1. 马铃薯起源于哪里?

“马铃薯起源之争”与很多物种起源之争类似，有单一源头和多源头两种观点。单一源头论认为，种植马铃薯起源于秘鲁南部或玻利维亚北部两地之一；而多源头论认为，种植不同品种的马铃薯可能从秘鲁、玻利维亚、阿根廷等多处起源。最激烈的争论集中在智利和秘鲁之间。智利农业部称，世界上99%的马铃薯都起源于智利。秘鲁方面则强烈反对，理由是马铃薯起源于安第斯山脉和Titicaca湖附近，而这个区域大部分位于秘鲁境内，并且秘鲁土地上有3 000多个马铃薯品种。

智利和秘鲁为此都举出大量的科学证据来证明自己的观点。智利考古证据发现，智利南部在1万4千年前就已经有人食用马铃薯，比秘鲁早很多年，而秘鲁科研人员却说智利食用马铃薯品种是他们

的儿孙辈。2005年，美国农业部专家利用DNA技术，证明了世界上种植的马铃薯品种，都可以追溯到秘鲁南部的一种野生祖先。从此，马铃薯起源的争议画上了句号。

2. 马铃薯是何时传入中国的?

明代作者徐光启在《农政全书》中记载到：“土芋，一名土豆，一名黄独。蔓生叶如豆，根圆如鸡卵，内白皮黄，……煮食、亦可蒸食。又煮芋汁，洗腻衣，洁白如玉。”由于《农政全书》于1628年出版，因此准确地说，马铃薯在1628年前已传入中国，并且广为人知、普遍栽种，至今已有近四百年的历史了。

3. 马铃薯有哪些有趣的别名?

根据马铃薯的来源、性味和形态，人们给马铃薯取了许多有趣的名字（图1－1）：意大利人叫地豆，法国人叫地苹果，德国人叫

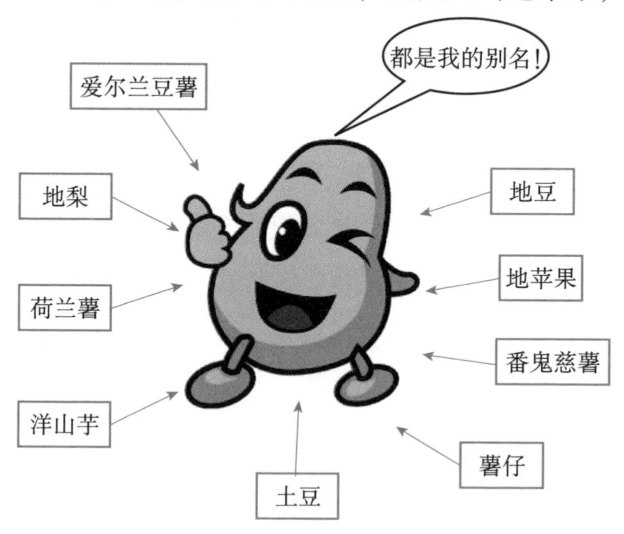

图1－1　马铃薯的各种称呼

地梨，美国人叫爱尔兰豆薯，俄国人叫荷兰薯。在中国，云南省、贵州省一带称芋或洋山芋，广西壮族自治区叫番鬼慈薯，山西省叫山药、山药蛋，东北三省多称土豆，香港特别行政区和广东省称薯仔，还有人称为馍馍蛋、洋芋、阳芋等。

4. 马铃薯有哪些营养元素?

据科学检测，马铃薯中含有丰富的维生素 A 和维生素 C 以及矿物质。鲜马铃薯中的淀粉含量为 9% ~20%，蛋白质含量为 1.5% ~2.3%，脂肪含量为 0.1% ~1.1%，粗纤维含量为 0.6% ~0.8%。100 克马铃薯中所含的营养成分是：热量 66 ~113 千卡，钙 11 ~60 毫克，磷 15 ~68 毫克，铁 0.4 ~4.8 毫克，硫胺素 0.03 ~0.07 毫克，核黄素 0.03 ~0.11 毫克，尼克酸 0.4 ~1.1 毫克等（图 1 –2）。马铃薯所含的维生素是胡萝卜的 2 倍、大白菜的 3 倍、番茄（俗称“西红柿”）的 4 倍，维生素 C 的含量为蔬菜之最，从营养角度来看，它比大米、面粉具有更多的优点。除此以外，马铃薯块茎还含有禾谷

图 1 –2　马铃薯的营养价值

类粮食所没有的胡萝卜素和抗坏血酸以及大量木质素等。

5. 马铃薯有哪些鲜为人知的功效?

（1）抗衰老。马铃薯是非常好的抗衰老食品。由于马铃薯含有丰富的营养元素，其中维生素 B_1、维生素 B_2、维生素 B_6 和泛酸等 B 族维生素及大量的优质纤维素以及部分微量元素、氨基酸、蛋白质、脂肪和优质淀粉等成分在人的机体抗老防病过程中有着重要的作用。因此，长期食用马铃薯具有延缓衰老，使人健康长寿的功效。

（2）控制身材体型。马铃薯对人体有很奇妙的作用，瘦人食之能使其“胖”，胖人食之则能使其“瘦”。马铃薯块茎水分多、脂肪少、单位体积的热量相当低，每天多吃马铃薯，就可以减少脂肪摄入，可以让身体把多余脂肪渐渐代谢掉，从而消除肥胖。营养专家认为，每餐只吃全脂奶和马铃薯，便可得到人体需要的全部营养素。因此，减肥的人不需要担心光吃马铃薯会导致营养不良。不过，减肥者要将马铃薯做主食，而不是做菜品来吃。煮马铃薯、薯条或煎薯饼都是很好的选择。

（3）美容养颜。马铃薯有很好的呵护肌肤、保养容颜的功效。新鲜马铃薯汁液直接涂敷于面部，增白作用十分显著，还可以解决部分人群的油性皮肤油脂分泌旺盛造成的青春痘、痤疮等问题。人的皮肤容易在炎热的夏日被晒伤、晒黑，马铃薯汁对清除色斑效果明显，并且没有副作用。

（4）防病治病。中医认为，马铃薯“性平味甘无毒，能健脾和胃，益气调中，缓急止痛，通利大便。对脾胃虚弱、消化不良、肠胃不和、脘腹作痛、大便不畅的患者效果显著”。现代研究也证明，马铃薯对调解消化不良有特效，是胃病和心脏病患者的良药及优质保健品。

马铃薯淀粉在人体内吸收速度慢，是糖尿病患者的理想食疗蔬菜；马铃薯中含有大量的优质纤维素，在肠道内可以供给肠道微生物大量营养，促进肠道微生物生长发育的同时还可以促进肠道蠕动，保持肠道水分，有预防便秘和防治癌症等作用；马铃薯中钾的含量极高，能够帮助体内的钠排出体外，有利于高血压和肾炎患者的康复；它还有防治神经性脱发的作用，用新鲜马铃薯片反复涂擦脱发的部位，对促进头发再生有显著的效果。另外，马铃薯生汁还对花粉症、湿疹、便秘有显著效果。

（5）调节情绪。生活在现代社会的上班族，最容易受到抑郁、灰心丧气、不安等负面情绪的困扰，马铃薯富含维生素 C，可以缓解情绪波动，改善精神状态，也可以在提供营养的前提下，代替由于过多食用肉类而引起的食物酸碱度失衡。因此，多吃马铃薯可以使人宽心释怀，保持好心情。

6. 马铃薯加工产品有哪些?

（1）马铃薯食品。根据马铃薯制品的工艺特点和使用目的，可将其分为四大类：第一类是干制品，如马铃薯泥、干制马铃薯、干制马铃薯半成品；第二类是冷冻制品，属非长期贮存制品（3 个月），如马铃薯丸子、马铃薯饼和马铃薯条（图 1－3）等；第三类是油炸制品，是短期贮存制品（不超过 3 个月），如油炸马铃薯片、酥脆马铃薯等；第四类是在公共饮食服务业中用的马铃薯配菜，如利用粉状马铃薯制品作馅的填充料，利用粒和片来生产肉卷、饺子、馅饼等配菜。

（2）马铃薯淀粉。马铃薯淀粉已普遍应用于医药、化工、造纸

图 1－3　马铃薯制品

等重要工业领域。近年来，马铃薯新兴食品工业迅速发展，已成为食品生产的主要组成部分。荷兰已将马铃薯淀粉广泛应用在食品工业中，如挂面、干粉调制剂、各种小吃、饼干、面食、肉食制品、酵母滤液等。马铃薯变性淀粉是以淀粉为原料，经理化方法或酶制剂作用，改变其溶解度、黏度等理化性质，产生一系列具有不同性能的变性淀粉或淀粉衍生物（图 1－4）。国际上变性淀粉已发展到 300 余种，并广泛地应用于纺织、造纸等行业，尤其是食品工业上，变性淀粉可用作糕点馅的稠化剂、浇注糖果时的凝胶剂等，它还是

图 1－4　马铃薯淀粉

快餐食品中不可缺少的原料。

（3）马铃薯全粉。马铃薯全粉加工没有破坏植物细胞，营养全面，虽然干燥脱水，但一经用适当比例复水，即可重新获得新鲜的马铃薯泥，制品仍然保持了马铃薯天然的风味及固有的营养价值。马铃薯全粉主要用于两方面：一是作为添加剂使用，如焙烤面食中添加5%左右，可改善产品的品质，在某些食品中添加马铃薯粉可增加黏度等；另一方面，马铃薯全粉可作冲调马铃薯泥、马铃薯脆片等食品原料。马铃薯全粉可加工出许多方便食品，它的可加工性远远优于鲜马铃薯原料，可制成各种形状，可添加各种调味和营养成分，制成各种休闲食品。

7. 为什么要推进马铃薯主食化?

国务院关于加快转变农业发展方式的意见明确提出，要“深入实施主食加工提升行动，推动马铃薯等主食产品开发”。推进马铃薯主食化主要有3方面原因。

（1）改善老百姓膳食结构的需要。马铃薯营养丰富全面，含有人体必需的脂类、碳水化合物、蛋白质、维生素、矿物质、水和膳食纤维全部七大类营养物质，其维生素C的含量是苹果的10倍，钾的含量是香蕉的4倍，赖氨酸含量远高过小麦和稻米。此外，马铃薯脂肪含量低、蛋白质品质高、热量低，且易将马铃薯加工成方便食品、半成品，能适应生活快节奏的需要，有利于改善和丰富人们的膳食结构，促进均衡营养和健康消费。

（2）调整种植结构、稳粮提质增效的重要途径。随着工业化进程的快速发展，耕地资源不断减少，水资源分布不均，生态环境压力不断加大，为确保口粮绝对安全，迫切需要转变发展方式、优化

种植结构，而马铃薯耐寒、耐旱、耐瘠薄，适应性广，生长季节短，单产水平高，不与水稻、小麦等主要粮食作物争地，是农业结构调整的主要替代作物。如果通过主食化开发，产值可以大幅度提升。

（3）促进马铃薯产业持续稳定发展的需要。当前，马铃薯以鲜销为主，市场波动大，薯农收益不稳。产品加工比例小，不到20%，以粗加工为主，而粗加工污染重，效益低，对马铃薯生产带动力较弱。推进马铃薯主食化，发展马铃薯深加工，提高产品附加值，以加工带动生产，推进全产业链一体化发展，有助于企业增利，薯农增收，农业增效。

8. 我国马铃薯主食化发展情况如何？

目前，我国马铃薯主食化研发团队开展了马铃薯意大利面、胡辣汤等主食产品的试制，完成了全粉添加对马铃薯面团的流变特性影响研究，已将马铃薯馒头、面条、米粉和复配米等主食产品中的马铃薯全粉占比由最初的10%左右分别提升至70%、45%、55%和35%，初步确定了含40%马铃薯全粉馒头的营养功效测评试验方案；初步完成了马铃薯面条设备选型及功能改造方案，制造出一体化仿生擀面机样机并开始市场推广。

2015年6月1日，马铃薯全粉占比30%的第一代马铃薯馒头在北京成功上市。截至目前，第一代马铃薯馒头已在北京市的200多家超市销售，生产厂家每天生产供应马铃薯馒头已超过1吨。

9. 我国马铃薯主食加工潜力有哪些？

我国未来马铃薯主食加工潜力主要有两大部分，一是现有马铃薯主食原料或半成品加工的潜力，目前我国马铃薯淀粉、全粉（包括熟粉和生粉)、薯片、冷冻薯条等的生产能力分别约达到年产50万吨、15万吨、30万吨和17万吨，已具备一定的加工基础。随着马铃薯主食产业化的推进，从主食产品消费需求推算，预计我国马铃薯全粉年生产能力可达1 000万吨以上；二是主食产品加工潜力，与小麦面粉复配、稻米及其米粉复配的马铃薯主食产品年加工能力预计可达2 000万吨左右；地域特色型及休闲功能型产品年加工能力预期可达800万吨左右。

10. 马铃薯主食化在欧美国家的发展现状?

在欧美等发达国家，马铃薯多以主食形式消费，并颇得消费者的青睐，成为人们日常生活中不可缺少的食物之一。在美国，马铃薯制品的加工量约占总产量的76%，马铃薯食品多达70余种，在超级市场，马铃薯食品随处可见。继美国之后，加拿大、英国等国家相继建立了马铃薯片、粉、粒、丝的加工工业，产量逐年上升，从而使马铃薯食品加工进入兴旺发达阶段。目前，法国年人均消费马铃薯19千克，其中脱水制品占45%；英国用于食品生产的马铃薯达450万吨，产品以冷冻马铃薯制品最多，年人均消费马铃薯食品近100千克。目前马铃薯制品已有上千种不同用途，其中78%用于食品工业，主要行业有制糖、浓缩食品、冷冻食品、果蔬制品、啤酒及肉类加工等。

11. 我国马铃薯优势产区是如何分布的?

我国马铃薯种植面积和总产量常年居世界第一位。2014年，我国马铃薯种植面积已达8 360万亩，总产量达9 552万吨，占世界马铃薯种植面积和总产量的比重分别是29.7%和24.2%，形成

了北方一季作区、中原二季作区、西南一二季混作区和南方冬作区四大优势产区。北方一季作区主要包括东北地区的黑龙江省、吉林省和辽宁省除辽东半岛以外的大部，华北地区的河北省北部、山西省北部、内蒙古自治区全部以及西北地区的陕西省北部、宁夏回族自治区、甘肃省、青海省全部和新疆维吾尔自治区的天山以北地区，是我国主要的种薯产地和加工薯生产基地。中原二季作区主要包括辽宁省、河北省、山西省3省的南部，河南省、山东省、江苏省、浙江省、安徽省和江西省等省。西南一二季混作区主要包括云南省、贵州省、四川省、重庆省、西藏自治区等省（区、市），湖南省和湖北省西部地区，以及陕西省的安康市，是我国马铃薯面积增长最快的产区之一。南方冬作区主要包括江西省南部、湖南省和湖北省东部、广西壮族自治区、广东省、福建省、海南省和台湾省等省（区）。

12. 马铃薯有哪些种类?

从熟性上可分为极早熟、早熟、中熟、中晚熟、晚熟五类。极早熟品种指从出苗到地上茎叶自然枯萎变黄的天数在60天以内，早熟61~75天，中熟76~90天，中晚熟91~115天，晚熟在116天以上。从用途上可分为鲜食薯、种薯、加工薯等类型。

13. 我国主要有哪些马铃薯品种?

（1）鲜薯食用和出口品种。中薯3号，早熟，出苗后60天可收获；中薯5号，早熟，出苗后60天可收获；东农303，极早熟，出苗后55~60天成熟；费乌瑞它，早熟，从出苗到成熟60天左右；克新1号，中熟，生育期从出苗到收获95天左右。

（2）高淀粉品种。系薯1号，中早熟，生育期从出苗到成熟80天；晋薯2号，中熟，生育期从出苗到成熟95天左右。

（3）油炸食品加工及鲜食兼用型品种。大西洋，中熟，生育期从出苗到成熟90天左右；夏波蒂，中熟，生育期从出苗到成熟95天左右。

（4）种植面积较大的品种。米拉、渭薯1号、青薯168、晋薯7号、坝薯10号、陇薯3号、东农303、克新4号、威芋3号等（图1－5）。

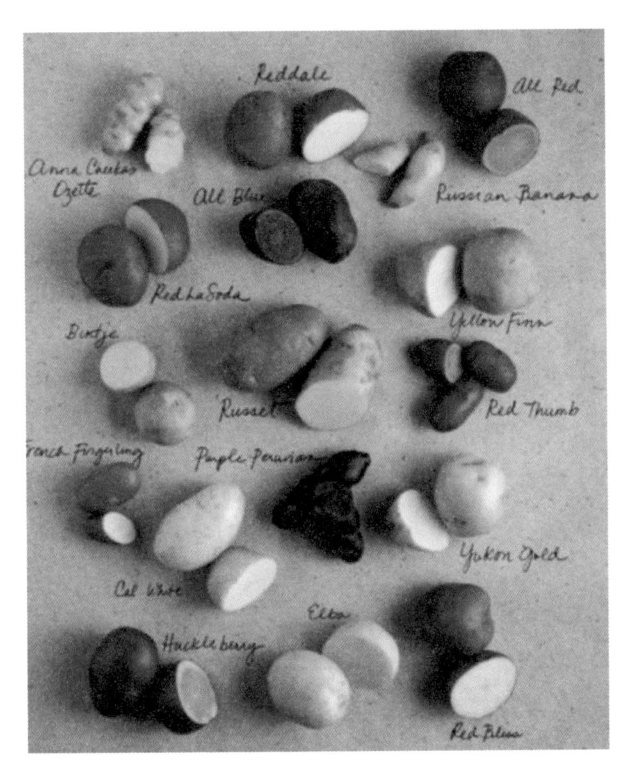

图1－5　马铃薯品种丰富多彩

14. 不同地区如何选择适宜种植的马铃薯品种?

优良品种的选用首先要考虑品种的成熟期，其次要考虑品种的专业性和用途。总体说来，北方一作区应当根据无霜期的长短，以

选择生育期较长的中、晚熟品种为主，要求品种具有较长的休眠期、较好的贮藏性、较强的抗逆性和良好的丰产性。中原二作区和南方冬作区的马铃薯生育期较短，一般以早熟、鲜食型品种为主。

15. 种薯分哪几个等级？

种薯级别分为原原种、原种、一级种和二级种，各级种薯的质量要求应符合表 1－1 要求。

表 1－1　各级种薯的质量要求

项目	原原种	原种	一级种	二级种
	允许率（%）			
总病毒病（马铃薯 Y 病毒和马铃薯卷叶病毒）	0	1.0	5.0	10.0
青枯病	0	0	0.5	1.0
	允许率，个/100 个	允许率，个/50 千克		
混杂	0	3	10	10
湿腐病	0	2	4	4
软腐病	0	1	2	2
晚疫病	0	2	3	3
干腐病	0	3	5	5
普通疮痂病[a]	2	10	20	25
黑痣病[a]	0	10	20	25
马铃薯块茎蛾	0	0	0	0
外部缺陷	1	5	10	15
冻伤	0	1	2	2
土壤和杂质[b]	0	1%	2%	2%

[a] 病斑面积不超过薯块表面积的 1/5

[b] 允许率按重量百分比计算

16. 鲜食薯分哪几个等级?

根据对每个等级的规定和允许误差，鲜食薯应符合下列基本条件：同一品种或相似品种；完好、无腐烂、无冻伤、无黑心、无发芽、无发绿；无严重畸形和严重损伤；无异常外来水分、无异味。在符合上述条件下，鲜食薯分特级、一级和二级，各等级质量要求如表 1－2 所示。

表 1－2　鲜食薯质量要求

等级	要求
特级	大小均匀，外观新鲜，硬实，清洁、无泥土、无杂物；成熟度好，薯形好，基本无表皮破损、无机械损伤；无内部缺陷及外部缺陷造成的损伤。单薯质量不低于 150 克
一级	大小较均匀，外观新鲜，硬实，清洁、无泥土、无杂物；成熟度较好，薯形较好，轻度表皮破损及机械损伤；内部缺陷及外部缺陷造成的轻度损伤。单薯质量不低于 100 克
二级	大小较均匀，外观较新鲜，较清洁、允许有少量泥土和杂物；中度表皮破损、无严重畸形；无内部缺陷及外部缺陷造成的严重损伤。单薯质量不低于 50 克

17. 加工薯分哪几个等级?

(1) 加工薯片、薯条用薯分为优级品、一级品和合格品 3 个等级。各等级质量要求应符合表 1－3 的要求。

表 1-3　薯片、薯条用加工薯质量要求

项目			指标		
			优级品	一级品	合格品
外形要求	品种		同一品种		
外形要求	芽眼		芽眼几乎与表皮齐平，深度小于 2 毫米		
外形要求	茎块表面		清洁		
外形要求	薯皮颜色		均匀	无要求	
外形要求	混杂		无	<1 %	<2 %
外形要求	总内、外部缺陷薯块质量分数		≤5 %	≤10 %	≤15%
薯块规格	薯片	薯形	圆形或近似圆形（直径 4.0～10.0 厘米）		
薯块规格	薯片	直径 <6 厘米薯块质量分数	<15%	<20%	<25%
薯块规格	薯片	6 厘米≤直径≤8 厘米薯块质量数	>70%	>60%	>50%
薯块规格	薯片	直径 >8 厘米薯块质量分数	<15%	<20%	<25%
薯块规格	薯条	薯形	长形或长椭圆形（直径 >5 厘米，长度 >7.6 厘米）		
薯块规格	薯条	质量 <200 克薯块质量分数	<15%	<20%	<25%
薯块规格	薯条	200 克≤质量≤280 克薯块质量分数	<15%	<20%	<25%
薯块规格	薯条	质量 >280 克薯块质量分数	>70%	>60%	>50%

（2）加工淀粉用薯。加工淀粉用薯淀粉含量要求不低于 16%，重金属含量和农药残留含量应低于食品中污染物和食品中农药残留限量的要求。

二、马铃薯贮藏保鲜特性

1. 什么是马铃薯贮藏保鲜?

马铃薯收获后仍然是一个鲜活的有机体，存在旺盛的生理生化活动，比如呼吸作用、蒸腾作用、休眠等，贮藏保鲜就是采用科学的设施和技术来降低或延缓这些生理活动，使马铃薯保持良好的商品性状。

2. 影响马铃薯贮藏保鲜的因素有哪些?

影响马铃薯贮藏保鲜的因素可分为内因和外因两个方面。①因主要包括马铃薯品种的抗病性、耐贮性、呼吸作用、蒸腾作用、休眠等；②外因主要包括贮藏环境的温度和湿度、气体成分以及机械损伤和病虫害等。

3. 什么是呼吸作用?

生物体内的有机物在细胞内经过一系列的氧化分解，最终生成二氧化碳、水或其他产物，并且释放出能量的总过程，叫做呼吸作用。呼吸作用按照反应过程中是否有氧气参与可分为有氧呼吸和无氧呼吸。

4. 为什么要抑制马铃薯的呼吸作用?

呼吸作用是马铃薯收获后具有生命活动的重要标志，既可以维

持马铃薯生命活动的有序进行，增强其耐贮性和抗病性，同时也会导致马铃薯的营养消耗、失水、组织老化、重量减轻、品质下降。呼吸作用过强，会使马铃薯自身的有机物过多地被消耗，含量迅速减少，薯块品质下降，同时呼吸产生的呼吸热，提高了马铃薯堆的温度，促使薯块发芽，缩短贮藏寿命。因此，贮藏期间，要尽量降低马铃薯的呼吸作用。

5. 影响马铃薯呼吸作用的因素有哪些?

影响马铃薯呼吸作用的因素可以分为内在因素和外在因素。内在因素主要有品种和成熟度；外在因素包括收获季节、环境温度、环境湿度、空气成分含量和机械损伤等因素。

6. 成熟度对马铃薯的呼吸作用有什么影响?

未发育成熟的马铃薯，处于细胞分裂和生长代谢的旺盛阶段，其表皮保护组织尚未发育完善，气体交换使组织内部供氧充足，呼吸强度较高、呼吸旺盛。而成熟度高的马铃薯表皮保护组织加厚，新陈代谢缓慢，呼吸较弱。

7. 温度对马铃薯的呼吸作用有什么影响?

在一定温度范围内，马铃薯呼吸作用随温度的降低而减弱。一般在0℃左右时，呼吸很弱。为了抑制马铃薯采后呼吸作用，常需要低温贮藏，但并非温度越低越好。应根据马铃薯品种对低温的忍耐性特点，在不破坏正常生命活动的前提下，尽可能维持较低的贮藏温度，使呼吸速率降到最低水平。通常温度降到2～4℃为宜。

8. 什么是马铃薯的蒸腾作用?

马铃薯刨出土壤后，其体内水分就开始向外“蒸发”，称之为蒸腾。新鲜马铃薯含水量高达75% ~80%，收获后应该适当散失水分，即晾干表皮，有利于贮藏。但如果失水过多，则会影响薯块的质量，导致薯块失重、失鲜、甚至萎蔫和皱缩，影响商品外观和贮藏寿命，所以要掌握好时机。

9. 影响马铃薯蒸腾作用的因素有哪些?

影响马铃薯蒸腾作用的因素主要是环境温湿度、空气流速和气压等因素。

10. 温度是如何影响马铃薯蒸腾作用的?

库温的波动会在温度上升时提高马铃薯内酶促反应强度，加快马铃薯蒸腾，相反降低温度时，酶活性下降，酶促反应减弱将减慢马铃薯的蒸腾作用。

11. 湿度是如何影响马铃薯蒸腾作用的?

环境湿度是影响马铃薯表面水分蒸腾的主要因素。在一定温度下，马铃薯表面湿度与环境湿度差距越大，且环境湿度越小，水分蒸发就越快；环境湿度越大，蒸腾就越慢。

12. 什么是马铃薯的休眠现象?

休眠是植物在长期进化过程中形成的一种适应逆境生存条件的特性，以度过严寒、酷暑、干旱等不良条件而保存其生命力和繁殖

力（图1－6）。马铃薯在结束生长时，生理活动变慢，新陈代谢降低，呼吸作用变弱，水分蒸腾减少，生命活动进入相对静止状态，这就是所谓的休眠。处于休眠期的薯块，自身养分消耗量减少，对马铃薯贮藏保鲜来说，休眠是一种有利的生理现象。

图1－6　马铃薯休眠之谜

13. 马铃薯的休眠分几个阶段？

马铃薯休眠可以划分为3个阶段（图1－7）。

第一阶段称为休眠准备期。这一阶段马铃薯的呼吸强度由强逐渐变弱，薯块表皮加厚（即所谓的木栓化），伤口如擦皮、划痕等逐渐愈合，薯块的自由水分迅速地蒸发出来，这一期间含水量有所下降（下降幅度3%～5%），同时释放大量的热量。

第二阶段称为生理休眠期。薯块新陈代谢显著下降，外层保护组织完全形成，此时在适宜的条件下，薯块芽眼不萌发。薯块内的生理生化活动极弱，有利于贮藏。

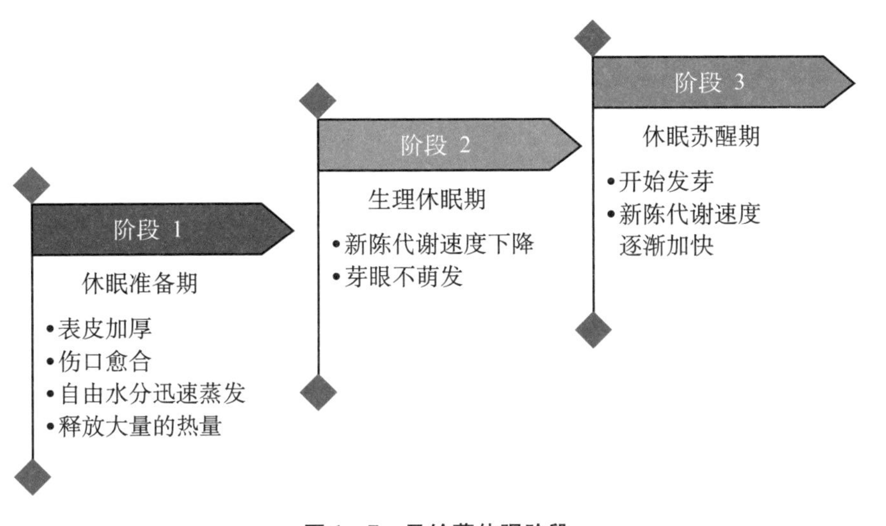

图 1－7　马铃薯休眠阶段

第三阶段为休眠苏醒期。马铃薯度过生理休眠期后，休眠终止，薯块开始发芽，新陈代谢逐步恢复到生长期间的状态。此时，生长条件不适宜，就生长缓慢；生长条件适宜，则迅速生长。

14. 为什么要延长休眠期?

马铃薯休眠期过后就会发芽，导致薯块重量减轻、品质下降。因此，贮藏中需要根据休眠不同阶段的特点，创造有利于休眠的环境条件，尽可能延长休眠期，推迟发芽和生长以减少采后损失。

15. 延长休眠期的主要措施有哪些?

延长休眠期主要是控制贮藏环境温度、湿度。薯块的生理休眠受温度影响较大，温度高，休眠期就短，因此，创造有利于延长马铃薯生理休眠，就是低温、恒温、适宜湿度贮藏。采后先使马铃薯愈伤，然后尽快进入生理休眠，休眠期间，要防止受潮和温度波动，

以防缩短休眠期。度过生理休眠期后，可利用低温强迫其延长休眠期而不使薯块萌芽生长，一般要低于4℃。此外，还可根据情况进行气调、药物处理或者辐照处理来延长马铃薯休眠期。

16. 环境温度是如何影响马铃薯贮藏保鲜的?

温度是影响马铃薯采后呼吸代谢的首要因素。在一定温度范围内马铃薯呼吸强度随环境温度降低而减弱，降低贮藏环境温度会使马铃薯的呼吸强度大幅下降，体内一系列生理生化活动减弱，减少营养物质消耗，从而延长马铃薯贮藏保鲜期。

17. 不同用途的马铃薯适宜在什么样的温度下贮藏?

种薯贮藏温度为2～4℃，鲜食薯贮藏温度为4～6℃，加工用原料薯贮藏温度以6～10℃为宜（图1－8）。

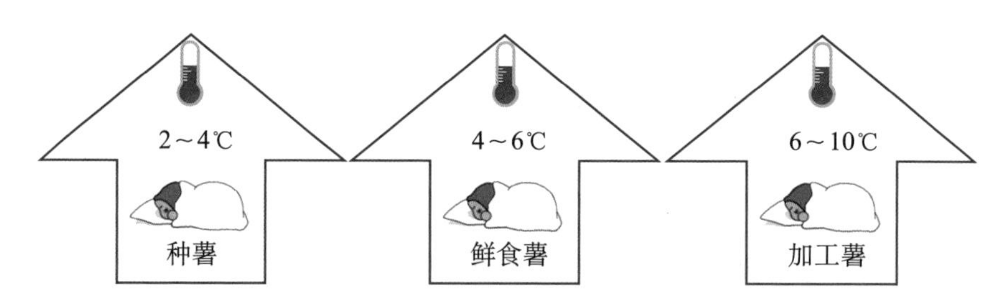

图1－8　不同用途的马铃薯适宜的环境温度

18. 环境湿度是如何影响马铃薯贮藏保鲜的?

适宜的贮藏湿度是减少马铃薯损耗、保持薯块新鲜的重要条件。贮藏窖内湿度与马铃薯贮藏量、窖内温度及通风条件等因素密切相关，为了减少贮藏期薯块重量损失，马铃薯贮藏期间需要保持适宜的窖内湿度，薯块表面应保持干燥，同时还要避免水分大量损失。

19. 贮藏环境气体成分是如何影响马铃薯贮藏保鲜的?

马铃薯在贮藏期间要进行呼吸作用吸收氧气放出二氧化碳和水分。在通气良好的情况下，不会引起缺氧和二氧化碳的积累，如果通气不良，将引起二氧化碳积聚，从而引起薯块缺氧呼吸，不仅使养分损耗增多，而且还会因组织窒息而产生黑心。良好的通风可以调节贮藏库内气体成分，通过引入外界新鲜空气，可降低薯堆内部的二氧化碳浓度，防止窖内积累过量的二氧化碳，避免无氧呼吸和二氧化碳中毒的发生。

20. 机械伤对马铃薯贮藏保鲜有哪些影响?

马铃薯在收获和运输期间的擦伤、切伤、挤压伤等都是机械伤。薯皮机械伤会造成皮下组织暴露在空气中，因而更容易失水，而且伤口还会成为病原物侵染的通道，使薯块腐烂率增高，失重增加，成为贮藏期间的安全隐患。一般擦伤、切伤等造成的机械伤在适宜的温湿度下，可以快速自愈，愈伤后马铃薯的失水、病源侵入就得到抑制，挤压的内伤不能自愈。

21. 马铃薯贮期病害种类有哪些?

马铃薯贮期病害主要分为侵染性病害和非侵染性病害两种。侵染性病害是指由细菌、真菌或者病毒等微生物入侵造成的危害，主要有晚疫病、黑胫、软腐、干腐、黑痣、疮痂等（图 1－9）。非侵染性病害则是指由气温、光照、水肥等非生物因素引起的病害，常见的有马铃薯冷害、冻害、“青皮”、发芽、热伤等。

图 1－9　马铃薯多发病害

22. 什么是冷害？

冷害是冰点以上的不适宜温度对马铃薯造成的伤害。一般马铃薯的冷害为 0.5℃左右，较长期贮藏在这一温度界限下，将会使马铃薯发生冷害。大部分冷害症状在低温环境或冷库内不会立即表现出来，而是产品运输到温暖的地方或销售市场时才显现出来。因此，冷害所引起的损失往往比人们所预料的严重。冷害的症状主要表现为马铃薯表皮出现凹凸斑块，内部组织发生褐变，进而变质腐烂。

23. 什么是冻害？

冻害的症状主要表现为组织冰冻，解冻后发生褐变，汁液外流，组织软化腐烂，失去商品价值和食用价值，因此，马铃薯贮藏绝对不能发生冻害。在外界温度降至 0℃以下时，贮藏的马铃薯必须要注意保温，严防冻害的发生。

24. “青皮”马铃薯有什么危害?

变青是马铃薯贮藏期间存在的严重问题，由于其对商品性的不利影响，马铃薯变青往往伴随着龙葵素的生成，过量食用使人出现中毒现象（图1－10）。马铃薯变青受品种、成熟度和光照等因素影响，除马铃薯本身问题外，光照变青是主要因素。因此，马铃薯贮藏应最大限度避免光照。

图1－10　食用变青马铃薯危害

25. 什么原因造成了马铃薯薯块的发芽?

马铃薯贮藏在较高的温度下会发芽，导致品质下降。发芽的马铃薯不适于加工和鲜食。贮藏中马铃薯发芽的温度是10～20℃，低于5℃发芽很慢。在5～20℃范围内随着温度的升高发芽速度加快，20℃以上发芽速度反而降低（图1－11）。

图 1-11 马铃薯发芽

26. 马铃薯的热伤是如何产生的?

热伤是由于马铃薯在贮运、包装、贮藏期间经受高温造成的，比如运输过程中阳光直射等。任何能使表面组织升高到 48.9℃或更高温度的因素都能产生热伤。

27. 贮期马铃薯“出汗”的原因及预防措施是什么?

贮藏中的马铃薯常会“出汗”（结露），即薯块外表面潮湿，甚至出现微小水滴，这种现象的发生主要是薯温与贮藏环境存在较大温差而造成的（图 1-12）。如果薯块表面温度降低到露点温度以下发生结露现象就说明贮藏措施不当，应及时处理，否则，薯块可能发芽、染病甚至腐烂。

图 1－12　马铃薯“出汗”

防止出汗的办法就是保持贮藏温度稳定，避免薯温忽高忽低，控制好贮藏环境湿度，在马铃薯堆上覆盖草帘、麻袋等吸湿性材料。

第二篇

设 施 篇

一、马铃薯贮藏设施

1. 我国马铃薯贮藏设施有哪些类型?

我国马铃薯贮藏主要在北方地区，根据多年的经验，当地总结出一系列马铃薯贮藏方法，其中以农户小型贮藏窖贮藏马铃薯最为普遍。常见的贮藏设施有贮藏窖、贮藏库和机械冷藏库等。贮藏窖常见的有贮藏井窖、贮藏窑窖及砖混地下半地下窖。

2. 什么是贮藏井窖?

贮藏井窖一般选择在地势高、地下水位低、土质坚实、排水良好、管理方便的地方，是北方地区的农户普遍采用的一种贮藏设施。先挖一直径 0.7 ~ 1 米，深 2 ~ 2.5 米的窖筒，然后在筒壁下部一侧横向挖窖洞，高 1 ~ 1.5 米，宽 1.5 ~ 2 米，窖顶离地面的距离在 0.8

米以上，窖长可根据贮藏量而定，窖洞顶部呈拱形，贮藏量一般在5吨以下。或将窖筒旋挖成罐型，直接贮藏马铃薯。这种窖的深浅和大小，根据当地气候条件和贮藏量的多少而定（图2－1）。一般来讲，窖筒愈深，窖温受外界气温变化的影响愈小，窖温愈恒定。这类窖的优点是造价低，建窖灵活机动，窖温受外界气温变化的影响小，窖温比较恒定。缺点是通风透气性差，贮藏量小，出入不方便，劳动强度大，通气不好，腐烂率高。

图2－1　贮藏井窖

3. 什么是贮藏窑窖？

贮藏窑窖一般选择在山坡、土丘或排水良好的地方。先在山坡、土丘或平地上挖一横断面，然后根据土质挖成高2～2.5米、宽2～2.5米、长6～15米的窑洞，或在窑洞的两侧再挖窖洞，窖洞的多少和大小根据贮藏量而定，贮藏量一般在10～50吨（图2－2）。这类窖多见于北方山区和丘陵地区，土质适宜挖窑的地区，西北地区比较普遍，经济条件允许的地方将窑窖顶部用砖砌成拱形，增强窖的安全性。这种窖的优点是造价较低，贮藏量较大，易保持窖内湿度，出入方便。缺点是通风透气性差，土质松软的窖安全性差。

图 2－2　贮藏窑窖

4. 什么是贮藏库?

贮藏库主要选择在地势平坦、交通方便的地方，库的类型视当地气候和立地条件而定，一般有地上式、半地下式两种。其中，半地下式贮藏库是指室内地平面低于室外地平面的高度不超过室内净高 1/3 的贮藏设施。两者在库顶和四周壁均加有保温层。库的大小根据贮藏量确定，单库贮藏量一般在 50～200 吨（图 2－3 和图 2－4）。

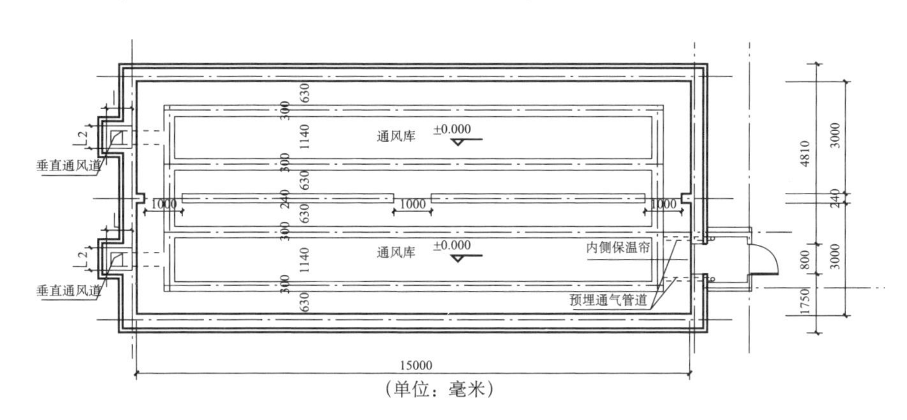

图 2－3　50 吨贮藏库平面图

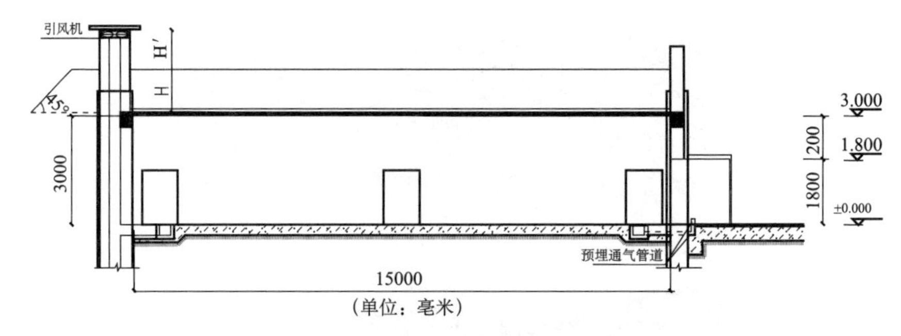

图 2－4　50 吨贮藏库立面图

贮藏库长 10～20 米，宽 3～9 米，高 2.5～5.0 米。在经济比较发达的地方，库体全部采用砖混结构，库顶有平顶、拱形顶或人字形顶。这种贮藏库可以是由多个小库组成的库群，分布呈“非”字形或半“非”字形，“非”字形贮藏库总体宽 3～6 米，高 4～6 米，库长依据每个小库的贮藏量而定，总贮藏量一般在 1 000 吨以上。这种库的优点是坚固耐用，容量大，出入方便，便于检查，适于大量贮藏，如果加装通风系统，通气性会更好（图 2－5）。缺点是库温易受外界气温变化的影响，不易控制，尤其在北方严冬季节，如果管理不到位，马铃薯容易发生冻害。

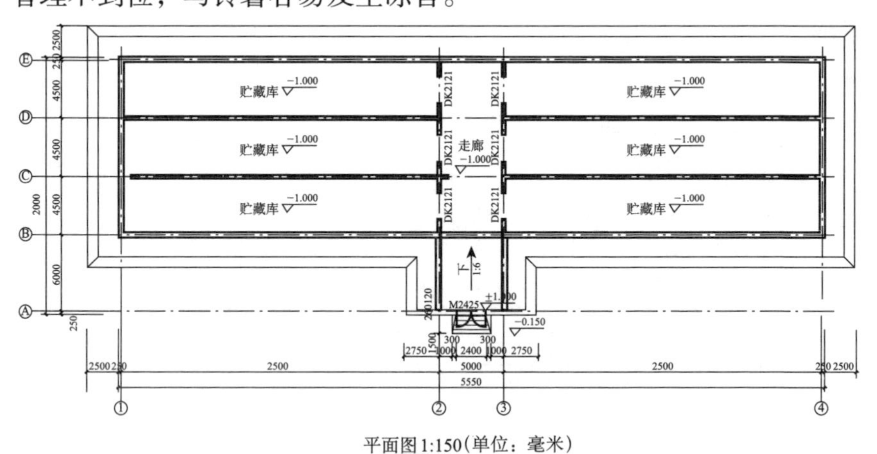

图 2－5　贮藏库平面结构图

5. 贮藏库有哪些类型?

贮藏库按照通风形式可分为自然通风贮藏库［图2－6（a)］和机械通风贮藏库［图2－6（b)］。自然通风贮藏库指通过贮藏库预留通气孔洞，使贮藏库内空气可根据库内外自然状态进行自发通风换气。机械通风贮藏库则借助风机等通风装置实现通风换气，以达到更好的贮藏保鲜效果。有些地区的机械通风贮藏库还配备了湿帘降温系统，从而达到加湿降温的效果。

(a)

(b)

图2－6　自然通风贮藏库和机械通风贮藏库

6. 什么是机械冷藏库?

机械冷藏库借助机械制冷系统将库内的热量吸收传送到库外，可以人工控制和调节库温，不受气候条件和生产季节所限，一年四季均可用于马铃薯贮藏，特别是种薯贮藏（图2－7)。库内设有温湿度传感器，可以在线检测温湿度。库内地面设有通风系统和气体分散装置，采用风机自动送风，保证库内具有良好的通风效果。机械冷藏库贮藏量可大可小，装运方便，而且可以一库多用，既可贮藏马铃薯，也可贮藏蔬菜、水果等大宗农产品，是较理想的贮藏设施。但该库建设投资大，设备复杂，管理技术要求高，适于有经济实力、资源充足的单位使用。

图 2－7　机械冷藏库

二、常见的马铃薯贮藏窖

1. 常见的马铃薯贮藏窖有什么特点？

常见的马铃薯贮藏窖主要有 10 吨、20 吨、60 吨和 100 吨 4 种规格。窖体分半地下和全地下 2 种类型，通常为砖混结构，保温处理可根据需要选择覆土或贴保温材料。窖顶分拱顶和平顶 2 种形式，对于平顶结构，需使用防滴材料把冷凝水引到地面，防止贮藏物因浸湿导致腐烂。窖内地面宜用素土夯实。窖门为保温门，芯材为聚氨酯板，厚度≥50 毫米，密度 40±2 千克/立方米，阻燃 B2 级，严寒地区可适当增加保温板厚度或设计为双门；如果遭遇多天极端低温气候，也可加挂棉门帘。

窖内通风可采用自然通风，也可采用自然通风和机械通风相结合的方式。10 吨贮藏窖多以自然通风为主，20 吨贮藏窖自然通风口间距不大于 5 米，机械通风排风量不小于 2 500 立方米/小时；60 吨及 100 吨贮藏窖自然通风口要均匀排布，通风口数量、规格及间距应依据当地气候情况设计，机械通风可选择强制进风或强制排风两种方式，地面应布置通风道或通风夹层，风机型号和风道尺寸可按照每吨马铃薯 100～200 立方米/小时的通风量选择（图 2－8 和图 2－9）。气候干燥、

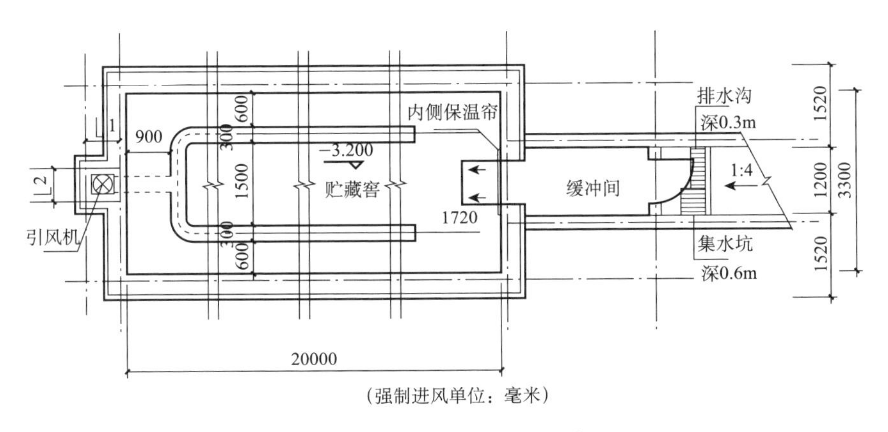

（强制进风单位：毫米）

图 2－8　60 吨贮藏窖平面示意图

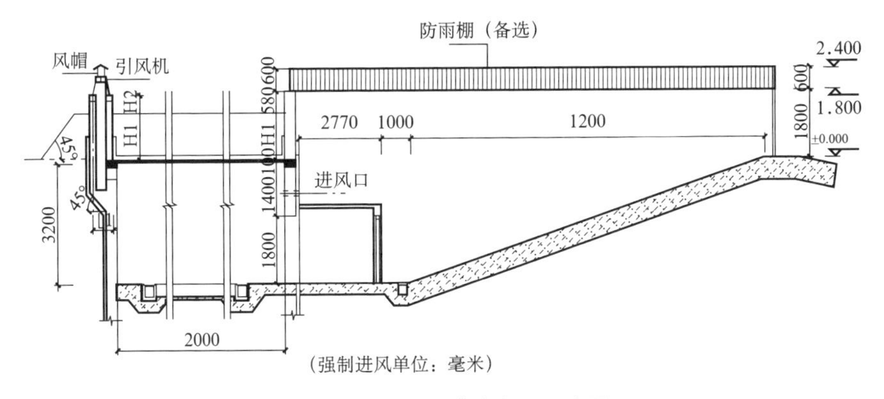

（强制进风单位：毫米）

图 2－6　60 吨贮藏窖剖面示意图

土壤沙质、收获季节气候适宜的地区采用低速通风；气候湿润、温差小、土壤黏湿、收获季节多雨的地区采用高速通风。

由于窖内湿度较大，电线要选用符合国标的产品，要用绝缘导管安装，保证电气及元件安全。要有温湿度监测装置，经济条件允许的话可加装温湿度、二氧化碳等在线监测设备。对于“非”字型窖群，过道宽度应考虑便于车辆进出和货物装卸，过道大门和单体窖门可根据需要适当加宽加高。

2. 不同规格贮藏窖的验收标准是什么？

不同规格贮藏窖，其验收技术参数及要求参如表所示。

表　不同规格贮藏窖验收技术参数及要求

规格 参数名称	10 吨	20 吨	60 吨	100 吨
窖内地面面积	12 平方米	25 平方米	75 平方米	100 平方米
窖内净容量	30 立方米	60 立方米	180 立方米	252 立方米
墙体和保温门	根据当地气候条件通过覆盖或者增加保温材料等方式满足窖体保温，门芯材如采用聚氨酯板，厚度≥50 毫米，密度 40±2 千克/立方米，阻燃 B2 级			
窖内温度	不低于 0℃，日温度变化小于 1.5℃		不低于 0℃，日温度变化小于 2℃	

3. 马铃薯贮藏窖如何选址？

（1）选择在地下水位距地面 6 米以下的地方，视具体情况半地下窖可适当提高水位，保证贮藏窖地面湿度不能太大。

（2）符合当地土地利用总体规划和城乡规划，要因地制宜、合理布局、提高土地利用率。

(3) 选择交通便利、土层深厚、排水条件好，基础设施和农技服务体系比较完善的地方。

(4) 选址宜远离墓地、铁路和自然灾害频发区，选择田间地头，庄前屋后，无污染源的闲置土地上。

(5) 空气流通良好，无空气污染源的存在。

(6) 最好选择连片、整村建设窖群，与鲜活农产品交易流通市场的建设相结合，可减少贮藏农户的交易成本。

(7) 选择山地或丘陵地开挖建设，可减少出入通道的坡度。

4. 施工前需要哪些准备?

(1) 技术准备。审查由当地建筑设计单位设计的施工图纸，检查图纸是否齐全，图纸本身有无错误和矛盾，设计内容与施工条件是否一致，各工种之间衔接配合是否有问题等。熟悉有关设计数据和结构特点，土层、地质、水文等资料。搜集当地的相关资料，深入实地摸清施工现场情况。

(2) 施工现场准备。严格按照施工要求进行施工现场准备。按照总平面图要求布置测量点，设置永久件的经纬坐标桩及水平桩、组成测量控制网。搞好“三通一平”（路通、电通、水通、平整场地）。修通场区必要的运输道路，接通用电线路. 布置现场供排水系统。按总平面图确定的标高组织土方工程挖填等辅助工作。

(3) 建筑材料准备。做好建筑材料需要量计划和货源安排，依据设计的施工图，对建窖所需的各种材料，要组织人员提早采

购。对钢筋混凝土预制构件、钢构件、铁件、门窗等做好加工委托或生产安排。做好施工必要机械、机具和装备的准备，对已有的机械机具做好维修试用工作，对尚缺的机械机具要及时订购、租赁或制作。

（4）施工队伍准备。严格按照国家建设有关法律法规要求，选择具有一定资质的施工队进行施工。

5. 主体施工有哪些工序？

马铃薯贮藏窖主体施工分为土方开挖、验槽、垫层、砌筑墙体和窖顶等工序，由施工队根据施工图纸来施工。

6. 土方开挖工艺流程是什么？

土方开挖工艺流程：

确定开挖的顺序和坡度——→分段分层平均下挖——→修边和清底。

土方开挖受天气、地质条件及原有建筑物的影响，开挖前应进行施工图纸的审阅、分析及施工方案的拟定，了解当地的水文、气象、地质条件，清除地面及地上障碍物，备好必要的开挖机械、人员、施工用电、用水、道路及其他设施。标线、定位开槽的灰线尺寸要进行复查检验。选择土方机械，应根据施工区域的地形与作业条件、土的类别与厚度、总工程量和工期综合考虑，以能发挥施工机械的效率。夜间施工时，应有足够的照明设施。在危险地段应设置明显标志，并且合理安排开挖顺序。雨期开挖注意边坡稳定和排水。土方运至指定地点，用于回填或窖顶覆土。

7. 地基验槽需要注意哪些问题?

土方开挖完成后，要进行验槽，查验基地土的持力层是否满足建筑物功能的需要，对地下水位，窖平面位置、轴线平面尺寸、基底标高以及马铃薯储藏窖的朝向等情况进行检验。

8. 基础垫层工艺流程是什么?

基础垫层工艺流程：

清理基底⟶拌制混凝土⟶混凝土浇筑⟶振捣⟶找平⟶养护。

验槽完成后，应及时进行基础垫层，垫层所用材料根据当地实际地质情况确定，一般分为混凝土垫层和石灰土垫层。

混凝土垫层。宜用 325 号硅酸盐水泥、普通硅酸盐水泥和矿渣硅酸盐水泥；砂采用中砂或粗砂，含泥量不大于5%；石采用卵石或碎石，粒径0.5~3.2厘米，含泥量不大于3%。

石灰土垫层。宜用块灰或生石灰粉。使用前应充分熟化过筛，不得含有粒径大于5 毫米的生石灰块，也不得含有过多的水分。垫层所用材料必须符合施工规范和有关标准的规定，垫层处理一定要密实、平整。

9. 基础和墙体砌筑工艺流程是什么?

基础和墙体砌筑工艺流程：

拌制砂浆⟶确定组砌方法⟶排砖撂底⟶砌筑。

砌筑用砖的品种及强度等级须符合设计要求，规格一致，有

出厂证明、试验单；水泥一般采用325号矿渣硅酸盐水泥和普通硅酸盐水泥；其他材料拉结筋、预埋件、防水粉等质量须合格（图2－10）。

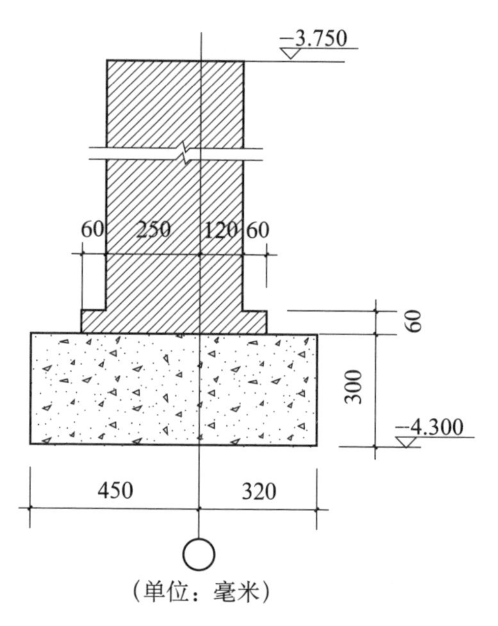

（单位：毫米）

图2－10　基础断面示意图

10. 窖顶施工注意事项是什么？

窖顶结构分为现浇钢筋混凝土平顶、预制板盖顶和砖混结构拱形顶。窖顶采用覆土保温，覆土层应根据当地冻土层厚度确定，一般达到80%以上，或采用100～150毫米厚聚苯板保温材料保温（图2－11）。找坡层为1：8水泥炉渣找坡层，找平层为20毫米厚1：3水泥砂浆找平层，防水层为3毫米厚SBS防水卷材。建筑材料和施工质量应符合设计要求和国家相关质量规定。

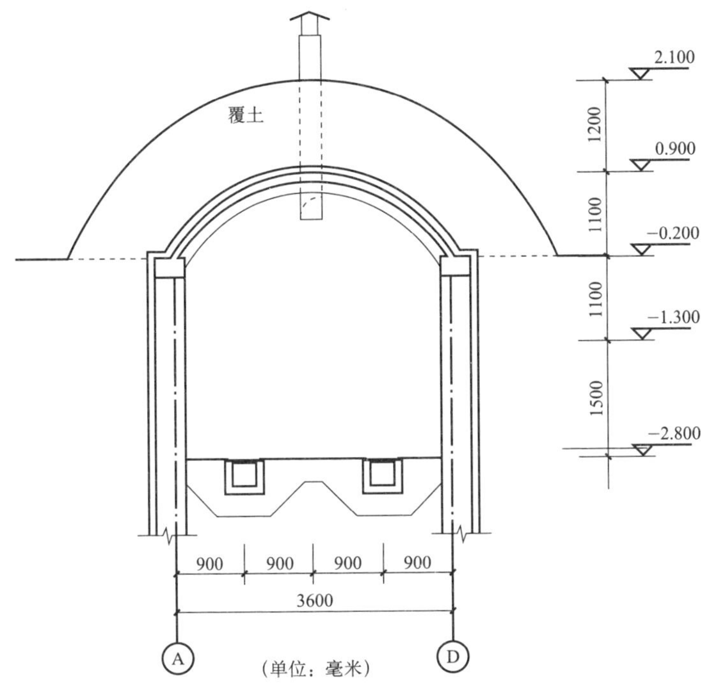

图 2－11　60 吨贮藏窖窖顶示意图

11. 窖内地面施工有哪些要求?

地面施工宜采用块状生石灰或磨细生石灰。块状生石灰使用前应用水充分熟化、过筛，熟化石灰颗粒粒径不大于 5 毫米。熟石灰也可用粉煤灰或电石渣替代。土料用素土不得含有有机杂物，颗粒粒径不大于 15 毫米。用上述材料组成 3∶7 灰土基本夯实做平整，或直接素土夯实即可。

12. 贮藏窖出入口通道施工需要注意哪些问题?

贮藏窖出入口通道分为台阶或坡道。根据当地条件，以坡道设计和建设为第一选择，这样有利于使用农机具搬运马铃薯出入窖。

如果场地较小，设计坡度较陡，无法使用农具搬运，需要采用人工搬运马铃薯，则建议出入口设计成台阶为宜。贮藏窖出入口通道应在主体工程完成后再进行施工，并与主体结构之间留出约10毫米的沉降缝。通道构造由面层、垫层、基层等组成。

在北方地区，通道应考虑抗冻要求，面层选择抗冻、防滑的材料。由于各地气候条件不同，贮藏窖可建成地下式或半地下式，出入口长度与高度根据建造形式做适当调整。具体采用哪种方式比较适宜，可根据当地条件和用户的投入确定。

13. 贮藏窖设备安装需要注意哪些问题？

电气照明装置安装工程施工要严格遵守设计要求，精心操作，确保灯具的安装质量。电气照明装置安装工程包括窖内灯具安装以及插座、开关的安装工程。由于窖内湿度较大，窖内电线要用绝缘电线导管安装。

14. 贮藏窖通风系统施工需要注意哪些问题？

在马铃薯贮藏窖主体施工前预留好进风口和排风口位置以及风机的安装位置，并在窖内安装好通风管道。通风管道分为砖砌和混凝土两种形式，在窖体地面施工前要整体考虑通风管道的排布形式，预留好位置。地面通风道截面尺寸应根据贮藏量与当地气候条件确定。

第三篇

技 术 篇

一、采　收

1. 马铃薯生理成熟的标志是什么?

马铃薯在生理成熟期收获产量最高，其生理成熟的标志有3点：①叶色由绿逐渐变黄转枯，这时茎叶中养分基本停止向薯块输送；②块茎脐部与着生的匍匐茎容易脱离，无需用力拉即与匍匐茎分开；③薯块表皮韧性较大、皮层较厚、色泽正常。

2. 如何选择收获期?

在马铃薯薯块膨大期，每天每亩（1亩约为667平方米，全书同）会增加产量40~50千克。为了获得最佳经济效益，兼顾产量和价格双重因素，选择适宜的收获时间变得尤为重要。一般鲜食薯生产应考虑，尽量争取最高产量，但有可能因品种和市场状况早收，如早熟品种，其生理成熟期需80天，但在60天左右薯块已达到上市要求，即可根据市场需求进行收货。另外，秋末早霜后，虽未达生理成熟期，但因霜后叶枯茎干，不得不收；有的地势较低，雨季来临时为了避免涝灾，必须提前收获；还有因轮作安排播种下茬作物，也需早收；但在秋雨少、霜冻晚、土壤疏松的地方，可以适当晚收获，在实际生产过程中要灵活掌握收获期。

3. 为什么要杀秧?

当马铃薯植株仍在生长时，收获的马铃薯表现为幼嫩，薯块表皮容易分离掉皮，导致薯块易受损伤。一般情况下，轻微损伤可以通过薯块本身的愈伤功能，使受伤的表皮木栓化，但薯块会出现不同于表皮颜色的斑块，影响薯块的美观，而且此时的薯块韧性差，在贮运过程中，病菌容易从伤口侵入，一旦温湿度适宜，则会引起病害发生，并迅速扩展。因此，在马铃薯产量达到最高或已到达生产目的时，可以采取机械或化学方法对植株进行杀死处理，也就是进行杀秧，保证马铃薯薯皮的充分老化，最大限度减少机械损伤。

杀秧常见方法主要有碾压处理、割除处理、化学处理和适当晚收等（图 3 –1）。

图 3 –1　机械杀秧

4. 什么情况下采用碾压杀秧?

根据市场需求，需提前7~10天收获时，若马铃薯植株在生长过程中病害轻微，可选用碾压处理方法。碾压处理一般可用机引或牲畜牵引木棍子将马铃薯植株压倒在地，使其停止生长，促使植株中的养分转入薯块，加快了薯皮的木栓化速度。

5. 什么情况下采用割除杀秧?

有时较早发生晚疫病流行，在很难防治的情况下，可根据天气预报，选择尽早割除杀秧。割秧虽然对产量有一定影响，但减少了薯块染病率和腐烂率，可起到稳产、保值的作用。割秧处理一般用镰刀直接将地上植株割除。一般有晚疫病害的地块，特别是植株中下部叶子变黑，要立即割秧并运出田间，减少病菌落地，落地的病菌也可以通过阳光暴晒杀死，最大限度减少薯块的染病率。

6. 如何用化学方法进行杀秧?

一般采用安全的化学药剂将还在生长的马铃薯植株杀死，如一般除草剂克无踪用量2 000~3 000毫升/公顷、敌草快900~1 200毫升/公顷杀秧就能将马铃薯植株杀死，起到很好的杀秧效果。

7. 什么情况下选择适当晚收?

当薯秧被霜害杀死后，应根据天气状况，适当延长7~10天收获，确保薯皮完全木栓化。一般情况下，收获前1~2周将植株杀死，就能促使马铃薯薯块表面木栓化和薯块老化，增加韧性和弹性，

且能够显著减少收获、运输和贮藏中的机械损伤，对于种薯生产，可在马铃薯植株尚未枯黄时进行杀秧，使薯块留在土内 7 ~ 10 天，促进其表皮组织木栓化，减少薯皮损伤和病菌侵染。

8. 收获一般包括哪些步骤？

马铃薯收获步骤一般为以下 5 个方面。

除秧——→采挖——→选薯包装——→运输。

9. 收获时有哪些注意事项？

马铃薯收获方法因种植规模、机械化水平、土地状况和经济条件不同而不同。无论是人工还是机械收获，均应注意以下事项。

（1）选择晴朗的天气和土壤干爽时进行收获，在收获的各个环节，最大限度地减少薯块破损率。

（2）收获要彻底、干净，避免大量薯块遗留在土壤中，机械或畜力收获应复收复捡，确保收获干净彻底。

（3）不同品种和用途的马铃薯要分别收获，分别运输，单独贮存，严防混杂。

（4）遮光避雨，鲜食薯和加工薯在收获和贮运过程中应注意避光，避免长期光照使薯皮变绿，品质变劣，影响食用性和商品性。同时也要注意避雨。

（5）收获后将薯块就地晾晒 2 ~ 4 小时，使薯皮干燥，以便降低贮藏过程的发病率。

（6）薯块在收获、运输和贮藏过程中，应尽量减少转运次数，避免机械损伤，减少薯块损耗和病菌侵染。

二、贮前处理

1. 收获前，贮藏窖应如何维护？

在马铃薯收获前，需要对马铃薯贮窖做以下工作。

（1）清杂。在马铃薯贮藏前一个月要将窖内杂物、垃圾清理干净，彻底清扫窖内卫生环境。

（2）消毒。在马铃薯贮前 2 周左右，进行消毒处理，消毒液喷洒要均匀，不留死角，消毒或熏蒸后密封 2 天后，然后打开窖门和通气孔通风 2 天以上再贮藏薯块。消毒药剂和方法，可选择以下之一。

①用点燃的硫磺粉（8～12 克/立方米）进行熏蒸。

②每立方米用 4 克高锰酸钾 +6 克甲醛进行熏蒸。使用时先将高锰酸钾置于容器中，然后倒入甲醛溶液，即可产生消毒气体。

③用百菌清烟剂、过氧乙酸或二氧化氯进行熏蒸。

④种薯可用瑞毒霉、多菌灵、百菌清、杀毒矾、甲霜灵锰锌均匀喷洒窖壁四周，并用石灰水喷洒地面。

⑤用 2%～4% 的福尔马林 50 倍液均匀喷洒窖壁四周。

（3）制湿。西北地区比较干燥，在马铃薯贮藏前 3 周，用水浇窖，严格控制用水量，浇水深度不超过 5 厘米，相对湿度控制在 85%～93%。

（4）通气。在马铃薯入窖前 10～15 天要将贮藏窖的门、窗、通风孔全部打开，充分通风换气。

（5）控温。在马铃薯入窖时，通过启闭窖门，利用温差进行通风，将贮藏窖温度调至适宜贮藏的温度。

2. 贮藏前为什么要进行挑拣?

挑拣是剔除病、烂、伤薯等不合格薯，严防混入合格薯中，引起腐烂，并导致病害传播，造成烂窖。若要使贮藏期间薯块的腐烂减少，入窖前必须仔细挑拣。

3. 挑拣的原则是什么?

马铃薯贮藏前挑拣必须做到“六不要”，即薯块带病不要，带泥不要，有损伤不要，有裂皮不要，发青不要，受冻不要。

4. 为什么要分级?

根据市场的不同需求、不同用途，对收获后的马铃薯进行分级处理。分级处理一方面可以提高马铃薯的经济效益，另一方面便于分类、贮藏和运输。不同级别的马铃薯分开贮存，可减轻病害传播。

5. 为什么要预贮?

马铃薯收获后，还未充分成熟，薯块的表皮尚未充分木栓化，收获时的创伤尚未完全愈合，新收获的薯块、伤薯呼吸强度非常旺盛，会释放出大量的二氧化碳和热量，多余的水分尚未散失，致使薯块湿度大、温度高，如立即入窖贮藏，薯块散发出的热量会使薯堆发热，易发生病害。预贮一方面可以促进薯块伤口愈合，加速其木栓层的形成，提高薯块的耐贮性和抗病菌能力，另一方面可迅速除去薯块表面的田间热和呼吸热，降至适宜贮藏的温度。因此，新收获的马铃薯必须进行预贮。

6. 预贮的方法有哪些?

①窖外预贮。将挑拣合格的马铃薯置于阴凉、通风的场所或大棚里堆放贮藏，薯堆不宜太厚，一般在0.5米左右，宽不超过2米，上面应用苇席或草帘遮光。预贮的适宜温度为10～18℃，预贮时间一般为5～7天，可根据空气的干燥程度适当调整预贮时间（图3－2）。

图3－2　马铃薯室外预贮

②窖内预贮。在通风良好、具有强制通风系统的贮藏设施内，采用袋装、散贮、箱装等方法，装好马铃薯后，每天坚持在外界气温较低时进行一定时间的通风，通风时间视贮藏量确定，贮藏量大，

通风时间长，设施通风量大，通风时间就短（图 3－3）。

图 3－3　马铃薯室内预贮

三、贮　藏

1. 鲜食薯如何贮藏？

鲜食薯要在黑暗且温度较低的条件下贮藏，最佳贮藏温度为 4～6℃。鲜食薯受光照变绿后，龙葵素含量增高，人畜食用后可引起中毒，轻者恶心、呕吐，重者妇女流产、牲畜产生畸形胎，甚至有生命危险，因此，鲜食薯应避光贮藏。

2. 加工薯如何贮藏？

不论加工淀粉、全粉或炸片、炸条的马铃薯，都不宜在太低温度下贮藏，过低温度贮藏会使马铃薯中的淀粉转化为还原糖，当还原糖高于0.4%的薯块，炸片、炸条均出现褐色，影响产品质量和销售价格。加工薯长期贮藏适宜温度为6～8℃。

3. 种薯如何贮藏?

种薯贮藏时间一般较长，因此应尽量选择窖温比较稳定、控温性较好的贮藏设施，种薯最佳贮藏温度为2～4℃。如果贮藏环境温度较高，常会在贮藏期间发芽，如不能及时处理将会消耗大量养分，降低种薯质量。如果无法控温，应把种薯转入散射光下贮藏，抑制薯芽的生长速度。

4. 常见的贮藏方式有哪些?

贮藏马铃薯的方式主要有三类：散堆（图3－4）、袋贮（图3－5）和箱贮（图3－6）。散堆其贮藏量相对较大，便于贮藏期间进行抑芽防腐处理，但是搬运不便；袋贮其贮藏量相对少，但搬用方便；箱贮管理搬运方便，但是贮藏成本最高。普通农户贮藏窖容积较小，一般以散堆和袋装贮藏为主。

图3－4　马铃薯散堆

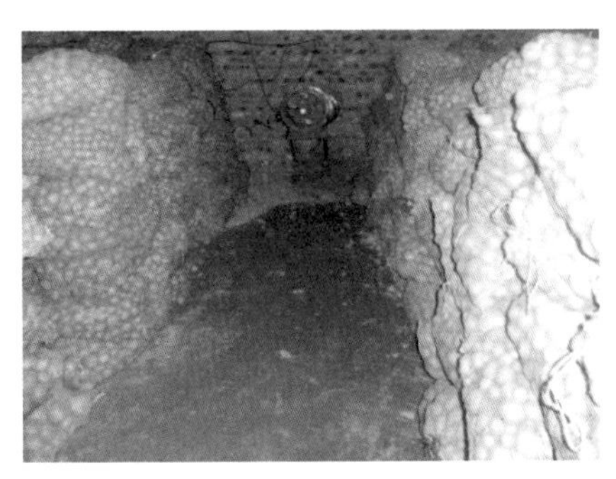

图3－5　马铃薯袋贮

图3－6　马铃薯箱贮

5. 散堆有哪些要求?

马铃薯散堆是一种节约空间、降低成本的贮藏方式。窖内薯块堆放的高度，因品种、贮藏方式和贮藏条件不同而异。通风系统好，能够保证薯堆底部通风散热的贮藏库，薯堆可以堆高一些，但不得超过窖内高度2/3。自然通风库贮藏马铃薯薯堆不能超过窖内高度1/2，一般1.5米左右，否则会造成空气流通不畅、温度过高、氧气供应不足，导致堆内薯块易发生腐烂或黑心现象。强制通风库，且库地面具有通风道和设计合理的通风系统的贮藏窖，薯堆高度不应超过窖内高度2/3。

6. 袋装贮藏有哪些要求?

目前，袋装贮藏最为普遍，包装袋有网袋、编织袋、麻袋等。将经过预处理的马铃薯装入编织网袋，30～40千克/袋，最高每垛8层，宽是“双2～4”码或者“双3～7”码并垛。垛码过厚会导致垛内通风不良，相互挤压，薯块热量散失困难，易造成薯块发芽或腐烂。马铃薯入窖时应注意出窖最晚的马铃薯放在最里面，依此类推。

7. 如何计算适宜的贮藏量?

马铃薯的贮藏量不得超过窖容量的65%。贮藏量过多，会造成贮藏初期不易散热，中期上层薯块距离窖顶、窖门过近容易受冻，后期底部薯块容易发芽，同时也会造成堆温和窖温不一致，难于调节窖温。据试验，每立方米的薯块重量一般为650～750千克，只要测出窖的容积，就可算出贮藏量，计算方法：适宜的贮藏量（千克）=窖容积（立方米）×700（千克/立方米）×0.65。

四、贮期管理

1. 贮藏初期如何管理?

10～11月，马铃薯入窖初期，正处于预备休眠状态，呼吸旺盛，放热多，窖温高，湿度大。此阶段的管理以降温除湿为主，窖口和通气孔要经常打开，尽量通风散热，防止窖温过高。有条件的地方应安装强制通风设备，进行强制通风，每天要进行强制通风半小时以上。特别是马铃薯入窖后20～30天，要注意降温除湿，避免马铃薯表面湿润，感染病菌。

2. 贮藏中期如何管理?

每年入冬12月至翌年2月，马铃薯贮藏处于休眠阶段，呼吸作

用较弱，外界正是严寒冬季，窖外温度很低。此阶段的管理主要是防寒保温，要关闭窖门和通气孔，必要时可在薯堆上盖草帘吸湿、保温、防冻。定期入窖观察窖内的温度，保证窖内温度不低于1℃，严防冷冻害发生。

3. 贮藏末期如何管理?

3~4月，窖外温度逐渐升高，窖内温度也有所升高易造成薯块发芽。此阶段重点是保持窖内低温，最大限度减少窖外温度对窖内温度的影响，避免薯块快速发芽。白天避免开窖，若窖温过高时可在夜间打开窖门和通风口进行通风降温。有条件的地方应安装强制通风设备，开启风机进行强制通风，最大限度的降低马铃薯薯温升高速率。

第四篇
案 例 篇

一、西南地区马铃薯地上通风库贮藏

1. 西南地区马铃薯贮藏有哪些注意事项？

西南地区气候温湿，雨量充沛，马铃薯产量高，但晚疫病严重。在马铃薯收获期，植株及地表大量带菌，导致马铃薯收获时不同程度带菌。因此该区域马铃薯贮藏的最大危害是晚疫病，应重点防治，同时严格做好贮期温湿度及二氧化碳调控，防止高温、高湿性腐烂。

2. 西南地区马铃薯收获贮藏技术要点有哪些？

（1）杀秧收获。在马铃薯收获前1周割掉茎秆，一是可大量减少土层晚疫病病菌，二是促进马铃薯块后熟，增强薯块表皮木栓化，减轻晚疫病病菌入侵。

（2）适时收获。在马铃薯50%叶片发黄时选择晴天收获，薯块在田间地头晾晒3~5个小时，使薯块表皮干燥。

（3）预贮。收获后的薯块放在通风阴凉的地方10~15天，使薯块表面水分充分蒸发，伤口愈合，形成木栓层，防止晚疫病病菌的入侵。

（4）分级挑选。入库前严格分级挑选，薯块按大、中、小分级贮藏，剔除伤、病、烂薯。

（5）合理选择贮藏设施。选择通风、阴凉、避光的地方贮藏马铃薯，湿度保持在90%左右。因此，最好建一个隔温通风贮藏库，保持贮期温度、湿度适宜。贮藏地要预先清理干净，并用石灰、多菌灵等灭菌，同时做好防鼠措施。

（6）科学堆放。散堆堆高不宜超过1米，以利通风散热。袋装垛堆采用网袋袋装，每袋不超过25千克，以便搬运；垛高不超过8袋，垛间距10厘米，便于通风散热。

（7）药剂处理。对于空气湿度大、温度较高的地方，或收获时田间土壤湿度大的条件下，马铃薯在贮前要先用广谱保护性杀菌剂进行喷雾处理，防止病害发生。

3. 西南地区马铃薯贮藏库有什么特点?

西南地区由于特殊的地理气候条件，通常采用砖混结构，屋面为夹芯彩钢板，两边侧墙设有若干通气窗，面墙及后墙设一个通气窗，地面采用木质通风隔栅，通风系统是“非”字形地槽，采用强制进气式通风（图4－1）。

图 4－1　西南地区马铃薯贮藏库

4. 西南地区马铃薯贮期管理技术要点有哪些?

（1）贮藏前期。薯块正处后熟期。这个时期呼吸旺盛，耗氧较多，释放大量二氧化碳、水蒸气和热量，易出现高温、高湿现象，进而导致晚疫病暴发。这个时期应打开库门、窗，利用昼夜温差，使用送风设施强制通风，以降温、降湿。

（2）贮藏后期。随着薯块后熟完成，外界气温降低，这个时期根据室内外温度只需适当通风即可，保持库内温度在 1～10℃，湿度在 90% 左右。在冬季高海拔地区注意防冻。

二、北方地区马铃薯地下贮藏窖贮藏

1. 北方地区马铃薯贮藏存在哪些问题?

北方地区冬季气候寒冷，农户在贮藏过程中由于温度、湿度控

制不好，每年贮藏损失可达18%～20%，甚至达到40%～50%，主要表现在薯块腐烂、缩水、发芽、冻伤、霉变等。由于贮存条件不好，导致种薯内部结构发生变化，造成出苗率低、产量下降、品质下降。

2. 北方地区马铃薯收获贮藏技术要点有哪些?

北方地区与西南地区的马铃薯收获贮藏技术基本一致，适时收获，做好预贮及药剂防控，进行科学贮期管理，合理控制贮藏量。

3. 北方地区马铃薯地下贮藏窖有什么特点?

北方地区由于自然冷源充沛，常见贮藏设施为地下或半地下贮藏窖，多为砖混拱顶结构，覆土保温。近年来，集中连片建设马铃薯贮藏窖群形成产地批发市场，逐渐成为北方马铃薯产区贮藏马铃薯的主要技术模式（图4－2）。

图4－2　北方地区地下马铃薯贮藏窖

4. 北方地区马铃薯贮期管理技术要点有哪些?

（1）贮藏环境控制。入窖初期管理应以降温散热为主，窖口和通气孔应经常打开，尽量通风散热。随着外部温度逐渐降低，窖口和通气孔也应改为白天大开，夜间小开或关闭。贮藏中期管理主要是防寒保温。贮藏后期管理重点是保持窖内温度，防止外界热空气进入窖内使窖内温度升高。原则上窖内温度保持在1～4℃，湿度85%～90%为宜，在这种环境下薯块新陈代谢缓慢，失水少，品质有所保障。

（2）光照控制。马铃薯贮藏应尽量避免见光，否则薯皮变绿，降低商品性和可食用性。对于种薯，贮藏后期可利用散射光照射，使芽头粗壮。

三、种薯机械冷藏库贮藏

1. 种薯贮藏有哪些注意事项？

种薯在贮藏期易发生晚疫病、干腐病、环腐病、软腐病、黑心病等。由于种薯贮藏时间长，通常要存至翌年4～5月才出库播种生产，如果温湿度控制不当，易导致提前出芽，腐烂变质。因此，种薯对贮藏环境的要求比鲜食薯和加工薯更高一些。

2. 机械冷藏库贮藏种薯有什么特点？

机械冷藏库即装有制冷设施的贮藏库，通过制冷和通风系统的控制，保持种薯贮藏适宜的温度和湿度。种薯机械冷藏库分为装配式冷藏库［图4－3（a）］和土建冷藏库［图4－3（b）］。

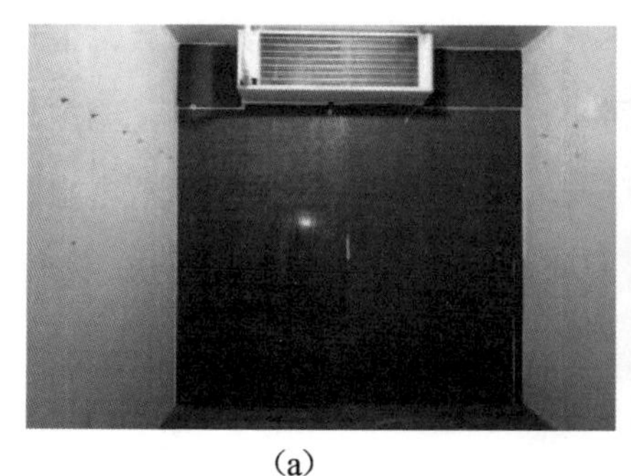
(a)

(b)

图 4－3　种薯机械冷藏库

3. 种薯贮期管理技术要点有哪些?

种薯的贮藏要点与鲜食薯和加工薯相同，但是由于种薯贮藏时间长，为保证翌年萌发效率，对贮藏环境的温度和湿度要求更为精细。

种薯贮藏期间，温度控制在 2～4℃，湿度控制在 85%～90%，播种前用散射光照射。

种薯机械冷藏设施不能与其他鲜食薯和加工薯混用，特别要严防沾染到鲜食薯处理所用的抑芽剂药剂，尽量做到专库专用，并且要严格做好库体消毒工作。

参考文献
REFERENCES

[1] 刘国信. 土豆：十全十美的健康食品［J］. 科学养生，2008（9）：18－20.

[2] 谢开云，何卫，曲纲，等. 马铃薯贮藏技术［M］. 北京：金盾出版社，2011.

[3] 孙政才. 马铃薯技术100问［M］. 北京：中国农业出版社，2009.

[4] GB18133－2012. 马铃薯种薯［S］.

[5] 钟伟平. 第一讲马铃薯贮藏［J］. 云南农业，2013（1）：73－74.

[6] 张丽莉，陈伊里，连勇. 马铃薯块茎休眠及休眠调控研究进展［J］. 中国马铃薯，2003，17（6）：352－356.

[7] 张薇，邱成，高荣，等. 不同贮藏条件下马铃薯块茎中龙葵素含量的变化［J］. 中国马铃薯，2013，27（3）：144－147.

[8] 柴生武，王拴福，姬青云，等. 马铃薯种薯贮藏管理技术［J］. 农业技术与装备，2012（24）：63－64.

[9] 康璟，李涛，王蒂，等. 马铃薯收获中机械损伤的分析与思考［J］. 农业机械，2013（10）：137－139.

[10] 丁映，陈鹰，乐俊明，等. 马铃薯的贮藏与管理技术［J］. 贵州农业科学，2010，38（1）：165－166.

［11］刘兴华，饶景萍．果品蔬菜贮运学［M］．西安：陕西科学技术出版社，1998.

［12］潘永贵，谢江辉．现代果蔬采后生理［M］．北京：化学工业出版社，2009.

［13］刘清．果蔬产地贮藏与干制［M］．北京：中国农业科学技术出版社，2014.

［14］普红梅，杨琼芬，姚春光，等．三种药剂对不同品种马铃薯种薯常温和低温贮藏期间病害的防治效果［J］．保鲜与加工，2015，15（3）：12－17.

［15］王希卓，孙海亭，孙洁，等．不同贮藏温度下克新1号马铃薯营养品质变化研究［J］．安徽农业科学，2004，42（29）：10 307－10 310.

［16］罗有中，王永伟．定西市马铃薯贮藏管理技术［J］．中国蔬菜，2008（2）：48－49.

［17］宋吉轩，张敏，邓宽平．贵州马铃薯贮藏现状、存在问题及解决措施［J］. 安徽农业科学，2007，35（30）：9 488－9 489.

［18］霍权恭，范璐．储藏条件对马铃薯品质的影响［J］．河南工业大学学报，2005，26（6）：47－49.

［19］陈伊里，屈冬玉．农户新型马铃薯贮藏窖建造与贮藏效果试验［M］．黑龙江：哈尔滨工程大学出版社，2011.

［20］司怀军，戴朝曦，田振东，等．贮藏温度对马铃薯块茎还原糖含量的影响［J］．西北农业学报，2001，10（1）：22－24.